森林生态站工程项目建设标准

主编单位：中国林业科学研究院
批准部门：国家林业局
施行日期：2013 年 6 月 1 日

中国林业出版社
2014　北　京

图书在版编目(CIP)数据

森林生态站工程项目建设标准 / 国家林业局主编. — 北京：中国林业出版社，2014. 11

ISBN 978-7-5038-7727-8

Ⅰ. ①森… Ⅱ. ①国… Ⅲ. ①森林生态系统－森林工程－建设－标准－中国 Ⅳ. ①S718. 55-65

中国版本图书馆 CIP 数据核字(2014)第 262149 号

出版 中国林业出版社(100009 北京西城区刘海胡同 7 号)
E-mail forestbook@163. com 电话 010－83222880
网址 http://lycb. forestry. gov. cn
发行 中国林业出版社
印刷 北京北林印刷厂
版次 2014 年 11 月第 1 版
印次 2014 年 11 月第 1 次
开本 850mm×1168mm 1/32
印张 1
字数 28 千字
印数 1-3000 册
定价 10. 00 元

国家林业局关于颁布《森林生态站工程项目建设标准》和《国有林场基础设施建设标准》的通知

林规发[2013]70号

各省、自治区、直辖市林业厅(局)，内蒙古、吉林、龙江、大兴安岭森工(林业)集团公司，新疆生产建设兵团林业局，各计划单列市林业局：

我局组织制定了《森林生态站工程项目建设标准》和《国有林场基础设施建设标准》，现予公布，自2013年6月1日起施行。

国家林业局

2013年4月28日

前　言

《森林生态站工程项目建设标准》(以下简称《建设标准》)是根据2008年国家林业局发展规划与资金管理司《关于下达2008年林业工程建设标准、定额工作计划的通知》的要求，由中国林业科学研究院作为主编单位，按照《工程项目建设标准编制程序规定》的有关要求编制完成的。

《建设标准》的初稿经中国林业工程建设协会工程标准化专业委员会组织小型专家会议征求意见，修改后形成征求意见稿，广泛征求意见和修改后形成送审稿，经国家林业局发展规划与资金管理司组织专家评审会审查定稿。

《森林生态站工程项目建设标准》共分7章33条：总则、选址与规划布局、建设内容、综合实验楼与辅助设施、观测设施、仪器设备、人员配置。

请各单位在本建设标准实施过程中，注意总结经验，积累资料，如发现需要修改和补充之处，请将意见和有关资料寄至国家林业局发展规划与资金管理司(地址：北京市东城区和平里东街18号，邮政编码：100714)，以便今后修订时参考。

主编单位：中国林业科学研究院

主要起草人：王　兵　郭　浩　赵广东　牛　香　高　伟
谭新建

主要审查人：陈瑞国　余新晓　杜滨宁　陈　列　赵有贤
宋子刚　梁　飚　李卫兵　刘贤德　孟广涛

编写组

2013年3月

目　　录

第一章　总　则

第一条　为维护国家生态环境建设、适应林业宏观决策和满足森林生态站长期观测研究的需要，规范和加强森林生态站工程项目建设，提高森林生态站工程项目决策和建设的科学管理水平，提升森林生态站的观测研究能力，特制订本标准。

第二条　本标准是编制、评估、审批森林生态站工程项目建议书、可行性研究报告、初步设计和监督检查森林生态站建设过程的重要依据。

第三条　本标准适用于中华人民共和国范围内新建、改建和扩建的森林生态站建设。

第四条　本标准的制订必须遵守《中华人民共和国森林法》《中华人民共和国环境保护法》《中华人民共和国土地管理法》和《中华人民共和国水土保持法》等法律法规。

第五条　森林生态站工程项目建设除应符合本建设标准外，尚应符合国家其他有关标准规定的要求。

第六条　森林生态站工程项目建设应坚持科学合理的原则，立足当前、兼顾长远、统一规划，以实现其可持续发展。

第二章　选址与规划布局

第七条　森林生态站选址应依据中华人民共和国林业行业标准《森林生态系统定位研究站建设技术要求》（LY/T 1626－2005）及《国家林业局陆地生态系统定位研究网络中长期发展规划（2008～2020年）》中森林生态站建设与发展的要求，同时必须符合下列条件：

一、具有科学性、代表性和典型性；

二、各种观测设施和仪器设备布设的可行性；

三、人为因素影响较小的地方；

四、具备可靠的电源、水源和通讯等外部协作条件。

第八条　森林生态站建设条件：

一、符合《国家林业局陆地生态系统定位研究网络中长期发展规划（2008～2020年）》的规划重点、方向和布局范围；

二、归口管理单位已批复建站，并有两年以上工作基础；

三、具有固定的技术依托单位和建设单位；

四、具有相对稳定的研究团队和专职管理人员；

五、建设用地应为国有土地，可供生态站长期使用。

第九条　综合实验楼应选择在交通便利、水电齐全和通讯畅通的位置，并充分利用已有的交通、供水、供电、供暖和通讯等基础设施。

第十条　森林生态站观测设施的布设，应符合下列条件：

一、森林生态站观测设施的布设应依据中华人民共和国林业行业标准《森林生态系统定位观测指标体系》（LY/T 1606－2003）、中华人民共和国林业行业标准《森林生态系统定位研究站建设技术要求》（LY/T 1626－2005）和中华人民共和国林业行业标准《森林生态站数字化建设技术规范》(LY/T 1873－2010)。

二、森林生态站观测设施的布设应按照统一规划、科学布局的原则，同时应充分考虑气候和区域等方面的差异性，突出区域特色。

三、森林生态站观测设施的布设数量应根据森林生态站区域内代表性的地带性森林植被类型(主要优势树种)多少和实际观测需求，以及地形、地貌、坡度、坡向、岩性、土壤等确定。

第三章　建设内容

第十一条　森林生态站工程项目的建设内容由综合实验楼、辅助设施、观测设施、仪器设备和人员配置等部分组成，按照表1的规定确定。

表1　森林生态站工程项目建设内容

类别	建设内容
综合实验楼	功能用房和辅助用房建设
辅助设施	观测用车、观测区道路、供水设施、供电设施、供暖设施、通讯设施、标识牌、综合实验楼周围围墙、宽带网络等方面的建设
观测设施	地面气象观测场、林内气象观测场、测流堰、水量平衡场、坡面径流场、长期固定标准地、综合观测铁塔等方面的建设
仪器设备	水分要素观测、土壤要素观测、气象要素观测、生物要素观测、森林环境空气质量观测、数据管理与存储、实验室仪器等设备的购置
人员配置	人员配置结构和数量要求

注：建设内容未包括土地征占用。

第四章　综合实验楼与辅助设施

第十二条　综合实验楼是森林生态站观测与研究人员从事实验与生活的场所，包括功能用房和辅助用房两部分，其建筑总面积应不低于800平方米，应布局合理，功能多样。

第十三条　功能用房指办公室、实验室、会议室、档案室、样品室、仪器室等；辅助用房指科研观测人员和研究生的宿舍、客房、厨房、餐厅、活动室等。功能用房和辅助用房中各类用房的建设面积按照表2的规定确定。

表2　森林生态站工程项目综合实验楼功能用房和辅助用房的建设面积

综合实验楼(平方米)															
总面积	功能用房							辅助用房							
	合计	办公室	实验室	会议室	档案室	样品室	仪器室	合计	宿舍	客房	厨房	餐厅	卫生间	活动室	其它
800～1200	400～680	150～180	50～100	50～100	50～100	50～100	50～100	400～520	150～180	120～150	20～30	30～40	30～40	20～30	30～50

第十四条　综合实验楼抗震能力应符合中华人民共和国国家标准《建筑工程抗震设防分类标准》(GB 50223－2008)、中华人民共和国国家标准《建筑抗震设计规范》(GB 50011－2010)的有关规定。

第十五条　辅助设施包括观测用车、观测区道路、供水设施、供电设施、供暖设施、通讯设施、标识牌、综合实验楼周围围墙和宽带网络建设应符合表3规定。

表 3　森林生态站工程项目辅助设施的建设内容

观测用车（辆）	观测区道路(米)	供水设施、供电设施、供暖设施和通讯设施	标识牌、综合实验楼周围围墙等	网络建设
1	2000 ~ 5000	输水管道、排水管道、锅炉、水塔、输电线路、变压器、暖气管道、通讯线路等	站区标识牌 1 ~ 2 个。每个观测设施和仪器设备标志牌至少 1 个。综合观测楼周围围墙 500 ~ 1000 米	宽带接入互联网

注：供暖设施可根据生态站所在区域供暖情况选择建设。

第十六条　森林生态站供电系统的建设应充分利用电力部门的设施，确有困难的，应按电力部门的要求进行预算和建设(包括输电线路和变压器等)。森林生态站的野外供电应满足仪器设备长期不间断运行的需要，综合实验楼供电应满足全天候作业的要求。

第十七条　给排水系统包括输水管道、排水管道和水塔等建设。供水、供暖等建设应满足森林生态站人员全年观测和研究的需要。

第十八条　观测区道路指连接森林生态站站区主道路与观测设施和仪器设备所在地点的连通道路，其建设规模宜控制在 5000 米以内。

第十九条　森林生态站的标识牌应醒目、统一，标识牌上应有森林生态站的名称和 CFERN 网络徽标。观测设施标识牌应详细注明观测设施的名称、功能、面积和建设时间等。仪器设备标识牌应详细注明仪器设备名称、性能、生产厂家和购置时间等。

第二十条　森林生态站的宽带应接入互联网。

第二十一条　观测用车宜为越野车型或皮卡车型。

第五章　观测设施

第二十二条　森林生态站观测设施包括地面气象观测场、林内气象观测场、测流堰、水量平衡场、坡面径流场、长期固定标准地、综合观测铁塔等。森林生态站工程项目观测设施的建设数量应符合表4规定。

表4　森林生态站工程项目观测设施的建设数量

设施名称	地面气象观测场(处)	林内气象观测场(处)	测流堰(个)	水量平衡场(个)	坡面径流场(个)	长期固定标准地(个)	综合观测铁塔(个)
数量	1	2～5	2～5	1～3	2～10	6～30	1～3

第二十三条　地面气象观测场和林内气象观测场建设标准参考中华人民共和国气象行业标准《地面气象观测规范》(QX/T 45－2007)进行。

第二十四条　测流堰的建设参考中华人民共和国水利行业标准《水文基础设施建设及技术装备标准》(SL 276－2002)进行。

第二十五条　水量平衡场和坡面径流场的建设以各站区主要林型为建设数量依据，面积不应低于100平方米。

第二十六条　测流堰所在森林集水区的流域面积不应低于1公顷，且集水区应为自然闭合小区。

第二十七条　长期固定标准地建设以常规固定标准地为主，地形条件允许的地方可以考虑大样地，常规固定标准地面积不宜低于20米×20米，大样地面积不宜大于6公顷。

第二十八条　综合观测铁塔应为开敞式，塔高一般应为3倍树高（最低不应小于 2 倍树高），为拉线式三角形或矩形塔，并在观测仪器安装处附近设置阶梯。铁塔基部面积以 1 米 ×1 米为宜。根据仪器设备安装和科研需要，应在综合观测铁塔不同高度建立观测平台。综合观测铁塔应配备避雷设施，防雷标准应符合中华人民共和国国家标准《建筑物防雷设计规范》（GB 50057 －2010）的有关规定。

第六章　仪器设备

第二十九条　森林生态站仪器设备的选择应以中华人民共和国林业行业标准《森林生态系统定位研究站建设技术要求》（LY/T 1626－2005）、中华人民共和国林业行业标准《森林生态站数字化建设技术规范》（LY/T 1873－2010）为主要依据，充分考虑仪器设备的测量精度、范围、存储大小、自动性、长期稳定性、易维护性和可扩展性，应能满足中华人民共和国林业行业标准《森林生态系统定位观测指标体系》（LY/T 1606－2003）规定的相应观测指标的需求，具体内容参见中华人民共和国林业行业标准《森林生态系统长期定位观测方法》（LY/T 1952－2011）。

第三十条　仪器设备主要包括进行水分要素、土壤要素、气象要素、生物要素、森林环境空气质量观测的野外仪器、用于植物、土壤和水分样品分析的实验室仪器以及数据观测和存储设备等。生态站进行仪器设备购置时应以野外仪器设备为主，实验室内仪器设备为辅，按照表5的规定确定。

表5　森林生态站工程项目仪器设备建设内容

类别	仪器设备	主要功能	数量（套）
水分要素观测	树干液流测量系统	测量树干液流及树木蒸腾	1～3
	水位、流速和流量测量系统	测量流域出水口的水位、流速和流量	1～3
	多参数水质监测仪	测量水体的温度、电导率、pH、浊度、溶解氧含量等多个水质参数	1
	便携式土壤含水量测量系统	测量土壤的水分含量	1

（续）

类别	仪器设备	主要功能	数量（套）
土壤要素观测	土壤导水率测量系统	测量非饱和导水率和饱和导水率	1
	开路式土壤碳通量测量系统	测量土壤 CO_2 的释放量	1
	露点水势仪 *	测量土壤露点水势	1
气象要素观测	自动气象站 * *	自动采集和存储各种气象要素	2
	梯度气象站	自动采集和存储各种梯度气象要素	1
生物要素观测	植物冠层分析仪	测量叶面积指数	1
	年轮分析仪 *	测量树木的年轮宽度	1
	根系生长监测系统 *	非破坏性地动态追踪分析根系形态因子	1
	径向生长仪 *	测量树木的径向生长	10 ~ 20
	超声波测高测距仪	测量树木高度和水平距离	2
	便携式叶面积仪	测量树木叶片的面积	1
	便携式光合仪	测量植物叶片的光合速率、蒸腾速率、气孔导度等相关指标	1
	差分式 GPS	测量和定位长期固定标准地的位置等	2
生物要素观测	“智能化”涡度相关测量系统	测量森林植被层与大气层之间的冠层 CO_2 和水汽通量	1 ~ 3
	CO_2 廓线系统 *	测定不同梯度的 CO_2 浓度	1 ~ 3
	大口径闪烁仪 *	开展区域和景观水平森林生态系统水汽通量观测	1
森林环境空气质量观测	空气颗粒物监测仪 * *	用于测定大气中 PM 2. 5 等空气颗粒物的浓度	1
	森林环境空气质量监测系统 * *	用于测量森林环境空气中 CO_2、NO、NO_2、SO_2、O_3、CO 的浓度	1
	气溶胶再发生器 * *	测量植物叶片样品吸附 PM 2. 5 等空气颗粒物的量	1
	大气干湿沉降仪	测量降雨量，收集大气降水和降尘样品，以测定和计算大气干湿沉降量	1

（续）

类别	仪器设备	主要功能	数量（套）
数据管理与存储	数据传输设备	数据发射、接收和传输	1
	数据处理和分析设备	数据采集、存储、处理和分析	4
实验室内仪器设备	连续流动分析仪	水体、土壤、植物提取液及其他样品的快速分析	1
	土壤氮循环监测系统	监测土壤中氮素的循环过程	1

注：* 为选配的仪器设备；* * 为城市森林生态站必须配置的仪器设备。

第七章　人员配置

第三十一条　专业技术人员在森林生态站所有人员配置中所占比例不宜低于90%，其中研究人员应占70%以上，观测人员占20%。

第三十二条　森林生态站应具备的人员结构和数量应符合表6规定。

表6　森林生态站人员配置

研究人员	观测人员	管理人员	合计	备　注
7~14人	2~4人	1~2人	10~20人	具有高级职称的研究人员应在5人以上，并以博士学位为主

本建设标准用词和用语说明

一、为便于在执行本标准条文时区别对待，对于要求严格程度不同的用词说明如下：

（一）表示很严格、非这样不可的用词：

正面词采用“必须”，反面词采用“严禁”。

（二）表示严格、在正常情况下均应这样做的用词：

正面词采用“应”，反面词采用“不应”或“不得”。

（三）表示允许稍有选择，在条件许可时首先应这样做的用词：

正面词采用“宜”，反面词采用“不宜”。

表示有选择，在一定条件下可以这样做的，采用“可”。

二、本标准中指定应按其他有关标准、规范执行时，写法为：“应符合...... 的规定”或“应按...... 执行”。非必须按所指定的标准和规范执行的，写法为：“可参照......”。

附　件

森林生态站工程项目建设标准

条　文　说　明

目　　录

第一章 总 则

第一条 本条阐明了编制本建设标准的目的和依据。

目前我国已建立森林生态站80多个，建设内容和规模差异非常大，难以进行联网研究。据《国家林业局陆地生态系统定位研究网络中长期发展规划(2008～2020年)》，到2020年要发展到99个，各森林生态站在基础设施、仪器设备、观测指标及观测方法等方面的不一致，致使观测数据千差万别，难以比较，无法满足网络化研究和回答林业重大科学问题的需求，因此规范建设十分必要。

第二条 本条阐明编制本建设标准的作用和权威性。本标准编制是为加强政府投资项目的监督与管理，为编制、评估、审批森林生态站工程项目提供重要依据。

第三条 本条规定了本建设标准的适用范围。

第四条 本条规定了本建设标准应遵守的国家相关主要法律和法规。

第五条 本条说明了本建设标准与国家现行相关强制性标准，以及其他相关标准的关系。

第六条 本条规定了本建设标准的基本原则。

第二章　选址与规划布局

第七条　本条规定了森林生态站站址选择的依据和要求。

第八条　规定了森林生态站工程项目的建设条件。

第九条　规定了森林生态站综合实验楼的布设依据。

第十条　规定了森林生态站观测设施的布设依据、布设条件、布设原则和布设数量。

第三章　建设内容

第十一条　本条阐明了森林生态站工程建设项目的构成要素。

森林生态站工程建设项目由综合实验楼、辅助设施、观测设施、仪器设备和人员配置等部分组成。

第四章　综合实验楼与辅助设施

第十二条　规定了综合实验楼的构成及面积。

第十三条　规定了功能用房和辅助用房构成及面积。

第十四条　规定了综合实验楼的抗震标准。

第十五条　规定了辅助设施的主要建设内容。

第十六条至第十八条　规定了森林生态站水、电、暖气设施和观测区道路的建设要求。

第十九条　规定了标识牌的建设要求。

第二十条　规定了网络建设要求。

第二十一条　规定了观测车辆的购置标准。

第五章　观测设施

第二十二条　规定了森林生态站观测设施构成。

第二十三条　说明了地面气象观测场和林内气象观测场的建设依据。

第二十四条　说明了测流堰的建设依据。

第二十五条　说明了水量平衡场和坡面径流场建设数量的依据和面积。

第二十六条　说明了测流堰所在森林集水区的建设面积和集水区的要求。

第二十七条　规定了长期固定标准地的建设要求和面积。

第二十八条　规定了综合观测塔的建设要求。

第六章　仪器设备

第二十九条　规定了仪器设备选择依据。

第三十条　规定了森林生态站应配备的仪器设备的种类、数量和功能。

第七章　人员配置

第三十一条　规定了森林生态站研究人员和观测人员所占比例。

第三十二条　规定了森林生态站应具备的人员结构和数量要求。